我的家在中國・山河之旅 ④

在那雪蓮盛開的地方 天山

檀傳寶◎主編　馮婉楨◎編著

中華教育

新疆小伙子和姑娘
打着手鼓跳着舞
準噶爾盆地
天山山脈
塔里木盆地
樓蘭古國
香妃墓
邊防衛士
帕米爾高原
崑崙山脈

「我叫杜依拉，生在天山下，從小愛爬山，採來雪蓮花。」伴着熟悉的歌謠，你是否看到了天山的景色？這裏有騎着毛驢的阿凡提、有能歌善舞的達阪城姑娘……讓我們一起走進他們的生活吧！

目錄

第一站　天山南北好地方

第二站　掀起你的蓋頭來

第三站　別讓冰川和雪蓮成為傳說

第一站

天山南北好地方

從謎語開始

請你猜猜看，這個謎語的謎底是下面的哪座山？

頭戴白絨帽，身着青羅衣，懷抱碧玉鏡，腳踩綠彩裙。

▼珠穆朗瑪峯

▼嵩山

▲黃山

▼天山

答案當然是天山啦。

因為與其他名山大川相比，天山的美麗更加豐富多彩。

天山其實是一個連綿的山系，有很多高峯，其中海拔 5000 米以上的山峯就有 10 座。天山山頂終年積雪，但山體大多鬱鬱葱葱。遠看起來，它就像一羣頭戴白絨帽亭亭玉立的少女，手拉着手親密地站在一起微笑、歌唱。

在天山博格達峯的半山腰，有一個天然湖泊——天池，它明亮如鏡，給整個天山增添了靈氣和活力。而在天山的腳下，則是廣闊的草原牧場，成羣的牛羊點綴在綠草野花間，就如同散落的瑪瑙一樣。

▲看，天山的「白絨帽」

▼天山的「綠彩裙」

▼天山懷中的「碧玉鏡」

新疆的脊梁

天山位於我國新疆地區，是新疆的脊梁。在新疆的「疆」字中就有天山的位置，你來找找看。

中間這一橫代表天山。天山居中，天山內部縱橫交錯的谷地和南北兩麓的綠洲，集中了新疆最多的草原和可耕地。

「疆」的右邊是「三橫兩田」。

「三橫」由上至下排列，分別代表三條山脈：阿爾泰山脈、天山山脈和崑崙山脈。

「兩田」中上邊代表準噶爾盆地，下邊代表塔里木盆地。

天山，橫貫在我國新疆維吾爾自治區中部，把新疆分為南疆和北疆兩部分。新疆地區整個地形可以概括為「三山夾兩盆」。「三山」分別指北邊的阿爾泰山、南邊的崑崙山和中間的天山，崑崙山和天山中間是塔里木盆地，阿爾泰山和天山中間是準噶爾盆地。所以說，天山在新疆有着非常重要的地理位置，並且對新疆地區的氣候和文化都有着明顯的影響。在很多場合，「天山」就是「新疆」的代名詞。人們把天山視為新疆的象徵。

新疆地形圖

禾木鄉喀納斯湖
阿爾泰山
準噶爾盆地
古爾班通古特沙漠
天山山脈
塔里木盆地
塔克拉瑪干沙漠
帕米爾高原
阿爾金山
喬戈里峯
8611 米
崑崙山脈

西王母沐浴的地方

▲平靜的天池

傳說，天山半山腰的天池是西王母娘娘沐浴的地方。這個天然的浴池十分神奇，不僅整體上佈局合理，各種景觀背後還有着動人的故事。整個天池分為三部分，大天池用來洗澡，東小天池用來洗臉，西小天池用來洗腳。西小天池外還有一個 10 米寬的石門。傳說如果西王母娘娘來洗澡，就安排小白龍在石門口把守，防止有人偷看。可誰知，防住了外人，卻沒有防住自己人。小白龍在西王母娘娘洗澡的時候忍不住回頭偷看，西王母娘娘一怒之下把牠變成了白色的飛瀑，永遠地懸掛在天池旁邊，成了現在的白龍峽瀑布。

◀天池西邊的雲杉是不是有一股寒氣呢？

天池的水是天山的雪水，能讓人越洗越年輕漂亮。這引得西王母娘娘身邊的侍女羨慕無比。一天，侍女趁西王母娘娘睡覺時跳進了池水中。不想，被西王母娘娘發現了，侍女被點化成了天池邊上的雲杉。如今，天池西邊那一片翠綠的雲杉看起來亭亭玉立，但總透着一絲絲寒意。人們說，那是西王母娘娘的侍女在表達她的不滿——如此神奇的浴池，為何不能與大家共享呢？

是啊！面對如此美麗和神奇的天池，誰不想跳進去暢遊一番呢？

長期以來，關於天池的傳說震懾住了當地的人們，沒有人敢動西王母娘娘的天池水。到了清乾隆年間，一個人大膽地向神仙挑戰，要開鑿水渠把天池水引到山下澆灌莊稼。他身體力行，考察測算，挖溝開渠……他就是清朝時期烏魯木齊第三任都統明亮。可惜，由於當時缺乏科學的規劃與論證，引天池湖水下山造成了天池水位明顯下降，到第二年水渠裏就無水可引了。可見造福一方心意雖好，但一味蠻幹肯定也是不行的！

今天，如果到訪天池，我們還能看到明亮疏鑿水渠的石碑呢！

▶明亮都統畫像

草木情深深

傳說，在古希臘，一些因長期征戰而殘弱不堪的戰馬，被主人們遺棄在了荒山野嶺中。一段時間後，主人們驚奇地發現，當初被遺棄的戰馬竟然都變得膘肥體壯，連毛皮也光澤瑩亮起來。這是甚麼原因呢？通過主人們的觀察，發現原來被遺棄的戰馬在不斷地吃沙棘的葉子和果實！

也就是說，正是沙棘救了這些被主人們拋棄的戰馬。

▲沙棘

沙棘是一種落葉性灌木。沙棘果中含有豐富的維生素，具有獨特的藥用價值，能夠止咳化痰、健胃消食、活血散瘀等。沙棘開花時香氣四溢。沙棘枝條和軀幹上長有鋒利的刺，耐乾旱、耐貧瘠、耐鹽鹼、抗風沙。

在中國新疆地區，沙棘分佈於天山南北。其中，烏什縣就因為擁有數十萬畝的天然野生沙棘林而享有「中國沙棘之鄉」的稱譽。

秋天，是沙棘結果的季節，趕羊的牧民、趕毛驢車的老漢、摘果子的姑娘，還有採食沙棘果的鳥兒都來了，天山南北呈現出一番熱鬧的景象。

當地的人們，通常是左手捧着一個塑料盆，右手戴着棉手套，稍用力一掰，那些細小的果子就嘩啦啦地掉到盆子裏，如翡翠般鮮豔誘人。

果農們在採摘沙棘

在新疆，除了沙棘，還有白楊、胡楊、紅柳等植物也有抗風沙和保水土的作用。這些植物生長在沙漠周圍，默默地保護着我們人類，裝點着我們的生活環境。

▲新疆的白楊

▲新疆的胡楊

▲新疆的紅柳

阿凡提「審」瓜果

阿凡提是新疆地區傳說中的一位智者。他勇敢機智，智慧過人，幽默且富有正義感，深受當地老百姓的喜愛和擁戴。今天，動畫片《阿凡提》仍然深受小朋友喜愛。

阿凡提見多識廣，聰明幽默，喜歡經常倒騎着毛驢到處轉悠，幫助大伙排憂解難。

這天，阿凡提剛到集市上就被一羣老爹給拽住了：「阿凡提，快來幫我們評一評，今年我們誰家的水果最甜？」「來，嚐嚐我們家的葡萄！」「嚐嚐我們家的石榴！」「還有我們家的哈密瓜！」

這會難住阿凡提嗎？「老爹們，既然是比誰家的水果甜，那就讓水果們自己來説一説自己有多甜吧！」

老爹們一聽，馬上就被阿凡提的「判斷方式」給逗笑了。「是呀，不用比了，甜不甜還是得瓜果們自己説了算啊！」

「瓜果之鄉」的美名，新疆當之無愧。在新疆，有這樣一個順口溜：吐魯番的葡萄哈密的瓜，庫爾勒的香梨人人誇，葉城的石榴頂呱呱。除了順口溜裏提到的水果，新疆地區還盛產蘋果、杏、桃、棗、核桃等，各種水果品種達一千多種。由於日照時間長和晝夜温差大等自然條件優勢，新疆的瓜果品質優良，新鮮水果和水果加工產品都遠銷國內外，廣受歡迎。

新疆地區的氣候極適宜水果的生長，果大、汁多、味甜。

新疆哈密盛產哈密瓜，因晝夜温差大，所以哈密瓜糖分含量高，味道極其香甜。

新疆的大棗全國聞名，果形大、皮薄核小，每一顆棗都是自然精華的結晶。

新疆葡萄享譽中外，而且歷史悠久。據推測，新疆地區種植葡萄已經有兩三千年的歷史，是我國最早種植葡萄的地區。在新疆各個地區都有種植葡萄，尤以吐魯番最為出名。目前，新疆地區的葡萄品種多達六百多種，有牛奶葡萄、巨峯葡萄、霞多麗葡萄等。

萬方樂奏有于闐

「一唱雄雞天下白，萬方樂奏有于闐。」是毛澤東主席《浣溪沙 · 和柳亞子先生》中的著名詩句。于闐就是今天的和田，詩詞中指的是整個新疆地區。公元前 370 年，80 歲的哈孜巴依（古于闐人，即今和田人）撰寫了《哈孜巴依藥書》，裏面記錄了植物、礦物和動物類共 312 種藥材的別名、性味及主治功能。這部書當時在國內外產生了較大的影響，甚至引起了古希臘國王的注意。為了得到這部藥學名著，希臘國王還許諾為西域于闐國建造宮殿，並把公主嫁給哈孜巴依的兒子巴日。

哈孜巴依是新疆地區醫藥的鼻祖和奠基人、古代著名的醫藥學大師，約生活於公元前 450 年至公元前 330 年，於 120 歲高齡去世。他有豐富的臨牀經驗，並十分重視藥物研究。他在總結前人的醫藥學成就的基礎上，結合自身經驗和調查研究，經多年記錄，才寫成了《哈孜巴依藥書》。

▲哈孜巴依雕像

基於古代嚴酷的自然環境、人文環境和人們求生的本能，古代新疆地區的人們素有「尊醫崇醫」的傳統，在當時學醫從醫成為一種社會風尚。

古代新疆地區的醫學大師不僅醫術高明，而且胸襟開闊。他們經常通過絲綢之路與古希臘、古印度、古波斯以及中原的各路醫師交流和切磋，同時，他們積極地向中亞以及更西的地中海沿岸地區廣泛傳播維吾爾醫學的優秀成果。

新疆醫學在世界範圍內的傳播恰好印證了著名學者季羨林先生的判斷——「古西域是唯一融世界四大文明為一體的人類罕見的交匯點」。

▲今天，人們對醫藥學的研究也得到了越來越多的重視，而新疆醫藥也越來越受到國內外民眾的歡迎。

「巴旦木」變平民食物

天山南北盛產的巴旦木是新疆地區的「聖果」。巴旦木（Badam）的叫法，據說起源於波斯語，是「內核」的意思。新疆巴旦木的核仁有特殊的甜香風味，其甘美遠超核桃和杏仁等果實。

古時候，由於巴旦木產量低，果實稀缺，新疆的平民只有種植巴旦木的權利，而沒有品嚐它的機會，他們必須將巴旦木果實作為貢品獻給貴族食用。今天，巴旦木已經不再是貴族獨享的了，而是變成了真正的平民食物。為了解決產量低的問題，政府組織技術人員深入農戶，教農民通過修剪等技術來提高巴旦木的產量。現在，在很多新疆的鄉村農家裏，人們不僅每天都能吃上自己家裏種的巴旦木，還能通過種植和銷售巴旦木來獲得豐厚的經濟回報。

▶等待收穫的巴旦木

◀巴旦木乾果

為甚麼巴旦木被新疆人奉為「聖果」呢？

據説，很多年以前，一場瘟疫在西域蔓延，民間缺醫少藥，百姓們一個接一個地死去，很多村莊成了廢墟。有位盲人醫生向國王進言，説只要每人每天吃七顆巴旦木果仁、喝一碗牛奶，七天後病人就會痊癒。國王照此實施，果然制止了瘟疫。那些沒有巴旦木吃的人，甚至只是摘食其樹葉，也有相當的療效。

看到巴旦木有如此神奇的力量，國王就下令每家每户以後都要種植十棵以上的巴旦木樹，並公開宣佈凡是種此樹的人，家族也會日漸繁盛起來。從此，維吾爾人便將巴旦木奉為神聖之物。

現代科學表明，巴旦木確實有很多療效。在新疆地區，巴旦木已經不只是營養健康的食物了，而且演化為健康生活方式的一部分。維吾爾族人家庭長期以來習慣於在服飾、屋頂、牆壁、櫃子和炕頭等處雕刻上巴旦木的枝葉、花瓣或果實。巴旦木圖案象徵着幸福、健康和財富，表達着維吾爾族人對豐收生活的嚮往和對美好生活的追求。

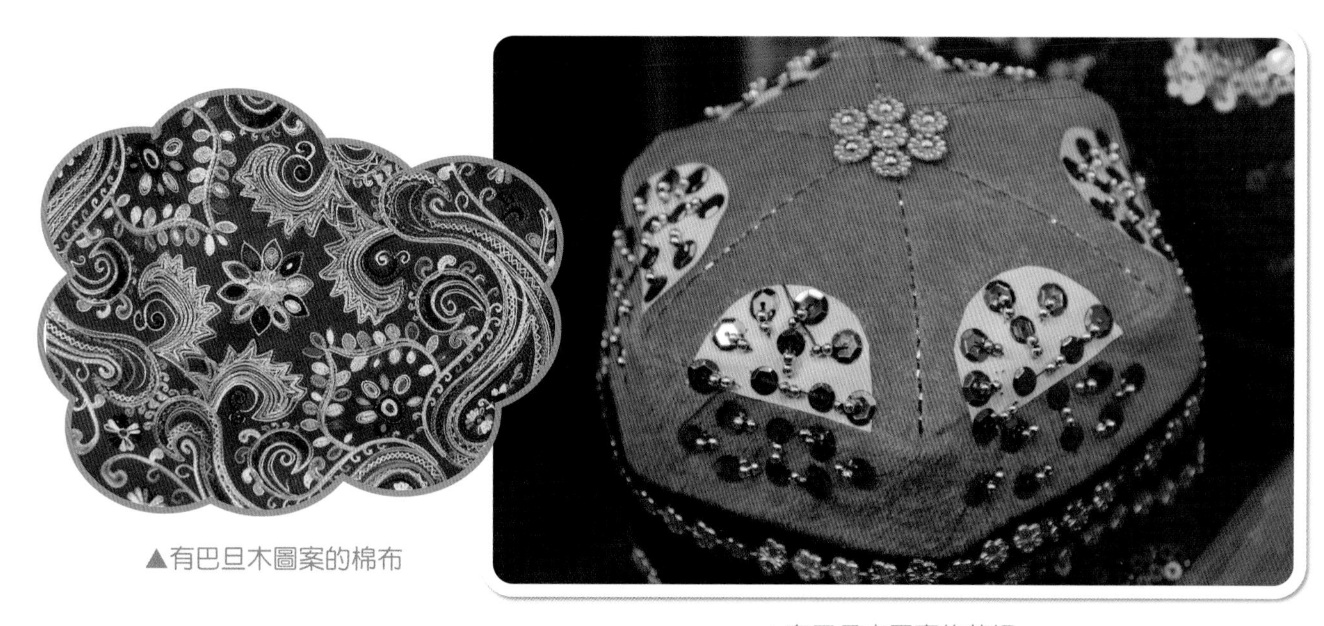

▲有巴旦木圖案的棉布

▲有巴旦木圖案的花帽

你來推測一下，扎根新疆如此深的巴旦木，是不是新疆土生土長的植物呢？

答案是否定的。

在1300多年前的盛唐時期，幾個沿着絲綢之路前往波斯（古伊朗）的西域商人無意之間在波斯嚐到了巴旦木的果實，覺得這種果實味道還不錯，便尋了幾粒種子帶回種下。沒想到5年之後結出的果實青澀難吃，但是果仁味道甘美無比，深受人們的喜愛。這就是現在的巴旦木了。

到新疆看石頭

民間有這麼一句順口溜：「到北京看城頭，到西安看墳頭，到桂林看山頭，到新疆看石頭。」

的確，新疆地區遍地都是石頭。「到新疆看石頭」，看的當然不是普通的石頭，而是美麗珍貴的玉石。新疆的玉石有很多品種，例如和田玉、崑崙玉和哈密翠等，自古以來廣受人們的喜愛。今天，走在新疆街頭的巴扎（市場）裏，隨處都能看到玉石店鋪。新疆的很多地區活躍着採集、加工和銷售玉石的商人，個別村落甚至成為專門的「玉石村」。

▲新疆和田玉

位於天山腳下的博爾通古鄉肯阿根村有着「玉石村」的美稱，村裏常年從事玉石產業的人員多達二百多人。農閒時，肯阿根村村民都會三五成羣結伴而行，帶上乾糧和生活用品，跋山涉水上天山雪線找玉，或在後山的河流裏找玉。在肯阿根村，幾乎每家都存放有大小不同的天山玉石，大多為天山碧玉，還有不同色澤的青玉、白玉、紫玉、黃玉、墨玉等。如今，從外地到天山遊玩的人，很多都會順路走進「玉石村」，買幾塊玉石帶回去。

▲新疆的玉石商人正在等待顧客前來買玉

許多中國人都喜歡玉器，中國的玉文化更是舉世聞名。

東漢許慎的《說文解字》中定義：「玉，石之美，有五德。」就是說，玉石有五種特性：溫潤有光澤，富有仁德；內外一致，表裏如一；敲擊聲音清脆，和悅，傳播遠，富有智慧和遠謀；不容易損壞，且寧折不屈；斷口平滑不會傷到別人，保持廉潔。概括起來，玉石的五德就是仁、義、志、勇、潔。君子比德於玉，餘俱為石矣！

▲ 2008 年，北京奧運會獎牌設計部門把玉鑲嵌在獎牌上面，用玉展示了中國的傳統文化

從古至今，中國人不僅喜歡收集和佩戴玉器，還常常將自己比擬成玉石，以追求君子品格，甚至形成了「君子無故玉不去身」的禮儀傳統。

同時，現代醫學研究證明，接觸玉有益於人體健康。所以，現在市場上用玉製成的生活用品廣受歡迎，如玉枕、玉梳、玉墊、玉製健身球、玉製按摩器、玉製手杖等。

新疆古稱「西域」，是我國神聖領土中不可分割的一部分。諸多考古發現證明，早在公元前 13 世紀至公元前 12 世紀的殷商王朝後期，新疆與黃河流域的經濟聯繫就已成規模。例如，在安陽殷墟的一座古墓中發現了新疆和田地區的羊脂玉。公元前 3 世紀初謀士蘇厲給趙惠文王寫的信中也提到，如果秦國控制住了雁門關一帶的險道，則燕國十分珍視的新疆崑崙玉就再也得不到了。

▲崑崙玉雕

▼羊脂玉山子擺件

第二站

掀起你的蓋頭來

達阪城的姑娘

《達阪城的姑娘》

達阪城的石路硬又平啊，西瓜大又甜呀。

達阪城的姑娘辮子長啊，兩個眼睛真漂亮。

如果你要想嫁人，不要嫁給別人，一定要嫁給我。

帶上你的嫁妝，領着你的妹妹，趕着那馬車來……

▲美麗的維吾爾族姑娘能歌善舞

《達阪城的姑娘》這首歌是我國著名的民族音樂家王洛賓先生根據新疆地區的民歌改編而成的，歌曲曾傳唱全球多個國家，深受人們的喜愛。

歌曲如此好聽，那達阪城的姑娘到底怎麼樣呢？達阪城是新疆地區的一個普通小鎮。這裏的姑娘和其他維吾爾族姑娘一樣，留着長長的辮子，能歌善舞。其實，在新疆地區，包括維吾爾族在內的許多少數民族羣眾都能歌善舞，他們不僅會在舞台上專門表演歌舞，還會在生活中即興地跳舞和歌唱。他們的歌舞，傳遞出了快樂和積極的生活態度。

天山南北是多民族聚居區，其中有維吾爾族、漢族、回族、哈薩克族、塔吉克族、柯爾克孜族、錫伯族、蒙古族和塔塔爾族等。幾乎每個民族都能歌善舞，並且有自己獨特的歌舞形式、服飾特點和生活習俗。

▲一名哈薩克族姑娘在演唱民族歌曲

王洛賓（1913—1996），一位漢族音樂家，卻對西北地區的民歌情有獨鍾。作為隨軍文藝兵，他深入西北地區採集民歌，一生搜集、整理、創作歌曲千餘首，如《在那遙遠的地方》《半個月亮爬上來》《掀起你的蓋頭來》等。這些歌曲在國內外廣泛流傳。很多人也像王洛賓一樣，由於喜愛新疆的歌舞而來到新疆，戀上天山，迷上大西北。

人養馬？馬養人？

「開始了！開始了！」人們都緊張而興奮地盯着奔騰的馬羣。這是新疆博湖縣「博斯騰杯」賽馬大會的現場。當地蒙古族羣眾身着節日盛裝來參加賽馬大會。大會吸引了來自天山南北的十多個代表隊參賽，數萬名各族羣眾來觀看，場面盛大熱鬧。

有一種說法：原來在新疆是「人養馬」。馬匹過去是牧民必不可少的交通和運輸工具，為了生計幾乎每戶牧民家中都養有一定數量的馬。而現在，在新疆已經是「馬養人」了，怎麼回事呢？

原來，隨着現代交通運輸工具的普及，人們開始越來越多地騎着摩托車，開着汽車放牧，舒適度大大增加。馬匹的交通工具屬性逐漸淡化，進入了休閒娛樂的舞台。現代人越來越熱衷於賽馬，把這作為一種休閒娛樂的方式，一些旅遊景區和影視拍攝也要使用馬。於是，一些專門為休閒娛樂產業服務的養馬產業應運而生，馬匹的經濟效益反而比以前大大提高了。比如養馬大戶汗巴伊爾，原來養 10 匹馬，用來放牧，一年放牧得到的收入差不多有 10 萬元；現在，他養了將近 100 匹馬，賣出一匹小馬駒收入就有 3 萬元！

▲牧民騎着馬在轉場

▲牧民開着摩托車放牧

▲天山腳下的賽馬活動，賽道旁圍滿了前來觀看的人們

▲賽馬活動進行中

在新疆，除賽馬之外，跑馬射箭、跑馬拾哈達、姑娘追和叼羊，這些富有民族風情的、傳統的馬上體育活動也備受歡迎。

▲叼羊比賽

參賽雙方各有10人左右。經過反覆互相爭奪，當某隊最後把宰好的羊或羊皮放到指定地點時，就算得一分。要想獲得比賽的勝利，不但要靠個人的機智和勇敢，也需要團隊的默契配合。

由於該運動對抗性強，因此，需要騎手有精湛的馬術和勇敢的精神。

一對青年男女一組，並肩向終點騎行，小伙子在途中可以向姑娘表達愛意，姑娘不能生氣。從終點返回時，小伙子在前邊跑，姑娘在後邊追，還可舉鞭抽打小伙子。如果姑娘喜歡小伙子，就高高地舉起馬鞭輕輕地落下，或者落在馬屁股上。如果姑娘不喜歡小伙子，那小伙子就真要挨鞭子了！

▲現場的「姑娘追」

雄鷹當獵手

在新疆，不僅賽馬精彩，獵鷹比賽也讓人驚歎！

馴養獵鷹捕獲獵物是柯爾克孜族代代相傳、沿襲了一千多年的狩獵方式。今天，在新疆阿合奇縣獵鷹文化節上，人們還能看到，百餘名柯爾克孜族獵手騎着馬、擎着鷹，在「放飛」「捕兔」等競技中展示身手。當你看到眾多獵手持鷹飛奔，獵鷹騰空而起，狠、準地抓獲獵物這一系列的過程時，你一定會被鷹的冷峻、獵手的深邃，以及人鷹之間的契合所震撼。

現在由於鷹是國家保護動物，馴鷹需要得到政府動物保護機構批准。只有極少數這一傳統文化繼承人可以進行該活動。

▲柯爾克孜族人馴鷹

事實上，馴鷹不只是柯爾克孜族的專利，我國的滿族和蒙古族等都有馴鷹的歷史。新疆阿合奇縣的獵鷹文化節，就不僅有柯爾克孜族獵鷹手的身影，還吸引了很多其他民族和國內外遊客的參與和關注。

巡邊的牧羊人

天山是中亞東部地區的一條大山脈，橫貫中國新疆的中西部，西部綿延入中亞地區，所以這裏流傳着許多新疆百姓保家衛國的動人故事。

63 歲的哈薩克族牧羊人寶汗・埃恩賽根，和父親、兒子都是巡邊的牧羊人。1976 年，他的父親在巡邊的過程中遭遇雪崩犧牲。他從 1982 年開始接任父親的工作，每天一邊放牧，一邊巡邊。他有一個習慣，就是在遠離界碑的邊境線上堆砌石頭，並在最高的石頭上刻上「中國」的「中」字。

寶汗記得，在一些乾旱的年份，蒙古國因為地理條件的原因，邊境線上的牧草很少，有一些羊羣會越過邊境線來吃草，但並沒有蒙古國的牧民出現。當時，寶汗把這件事匯報給負責邊防的領導，得到了「讓這些羊吃吧，不要趕，吃飽了牠們就會回去」的建議。寶汗感受到這種善意，越境的羊最終在他的看守下吃飽了也回到了蒙古國。

在巡邊的過程中，寶汗會深入每一個牧民家中看其是否需要幫忙。為了幫助邊境線上的牧民，寶汗還主動學習了一些醫術。在巡邊的 30 多年裏，寶汗曾救助過 11 個人的生命。

當然，除了寶汗這樣的羣眾巡邊員以外，新疆還有許多邊防戰士。正是由於軍民的通力合作才保證了新疆和整個國家的穩定與繁榮。

現在，寶汗已日漸年邁，並身患多種疾病。但是，他有了一個新的任務，就是帶着自己的小兒子巡邊，並讓兒子在自己壘起的石頭堆上補刻上「中國」的「國」字。

就這樣，他們一家在蘇海圖邊境線守邊代代相傳。

▲中俄邊境線界碑

天山所在的新疆維吾爾自治區的陸地邊境線佔中國陸地邊境線的四分之一，全長5600多公里，與蒙古國和哈薩克等8個國家接壤，是中國陸地邊境線最長的省級行政區。每一處邊境線上都有邊防戰士和羣眾巡邊員的身影。羣眾巡邊員發揮着信息員、預警員和聯防員的作用，積極參與邊境地區維穩、護邊、巡邏與設伏等勤務。寶汗正是羣眾巡邊員中的一員。

蘇海圖邊境線一帶是一片荒漠，夏天最高氣温達45攝氏度，冬季最低氣温達零下40攝氏度。每年冬季，牧民從紅山農場轉場到蘇海圖邊境線一帶，要橫穿百里風區和百里無人區，時常伴有暴風雪和沙塵暴。寶汗他們的工作環境是十分惡劣的，付出的辛苦是可想而知的。

▼在邊防線上巡邏的戰士們

湘女石的故事

2006 年 1 月 5 日，一塊重達 120 噸的花崗岩石從天山峽谷運到了湖南長沙。從新疆天山到湖南長沙，運輸行程 4000 多公里，歷時 9 天。而且，這塊巨石有一個好聽的名字——湘女石。這背後有一個怎樣的故事呢？

▲矗立在湘江岸邊的湘女石

原來，20 世紀 50 年代初，8000 名湘女響應政府號召，西上新疆，在天山南北屯邊墾荒。她們和新疆生產建設兵團的同志一起，從住地窩房和吃玉米高粱麪開始，在荒涼的沙漠上克服各種困難與艱苦，建起了綠洲和新城。如今，當年的少女已兩鬢斑白。可以說，她們是沙漠裏的第一代母親。為了紀念和傳承當年湘女們的精神，新疆生產建設兵團專門向湘女的故鄉贈送天山巨石，並雕刻有紀念碑，矗立在湘江岸邊。

當年，女兵們到達新疆後首先要過的就是語言關。她們很多人參加了語言學習班，努力學習，很快掌握了當地的維吾爾語。其中一位女兵戴慶媛還被大家稱為維吾爾語的「活字典」，維吾爾族老鄉還親切地稱她「瑪依諾爾」（五月的陽光）。為了學習維吾爾族語言，她抓緊一切可以利用的時間。上洗手間時背單詞，吃飯的時候也在背。那時沒有釘書機，她就把一些紙片用針線縫好，作為單詞本，放在口袋裏隨時拿出來學習。就這樣，學習班還沒有結束，戴慶媛就被分到新疆軍區司令部從事翻譯工作。

年逾古稀的張錫純是在 1950 年從長沙參軍到新疆的，是新疆第一代紡織女工。1962 年，由於家中有事，她從新疆回到長沙。2006 年，當她得知湘女石抵達長沙後，特意趕來，激動地拉着記者的手説：「我們雖然早就回到長沙了，可是我們忘不了新疆，忘不了我們曾經工作的七一棉紡廠，忘不了和我們一起工作過的那些姐妹們。現在新疆和湖南聯合為我們立石刻碑，我們很感動，謝謝，我們謝謝你們……」

外地小伙兒新疆種大棗

2013 年，小伙子「老夏」的帖子〈去南疆種棗這 3 年〉在網絡上紅了。這是為甚麼呢？

小伙子「老夏」二十出頭，河北人。由於被天山美景和新疆的創業前景吸引，2010 年，他和朋友到天山腳下的阿拉爾市承包了一片土地，開始了種棗生涯。每天，他一邊組織工人幹活，一邊用相機拍下阿拉爾的棗樹、沙漠、胡楊、維吾爾族老鄉等生動的照片，配上簡短且有詩意的文字，勾勒出一幅幅田園牧歌般的生活寫意圖。

不要小瞧了「老夏」，像「老夏」這樣的農民不只是農民，而且是現代農商。他在網絡上發帖，一方面是與網友交流，另一方面也是為棗園的銷售做準備。一年當中，「老夏」三分之二的時間留在棗園種植經營，還有三分之一的時間用於休閒和其他生意。像「老夏」這般田園詩意與現代兼具的生活方式吸引了成千上萬的年輕人，很多人都慕名來到了新疆。

多民族風景

我們已經知道，天山南北是一個多民族聚居地區，有漢族、維吾爾族、塔吉克族、錫伯族、烏孜別克族和俄羅斯族等 47 個民族。其中，漢族佔當地總人口的 40%，60% 為少數民族。

豐富多彩的多民族文化生活，已經成為新疆一道美麗的風景。

▼正在表演的少數民族姑娘

新疆旅遊熱

如今，新疆地區的美食美景在海內外享有盛譽，吸引了成千上萬的遊客。遊客在這裏欣賞自然美景，享受美食，感受民族風情，甚至紮起帳篷體驗天山峽谷的日月星辰。

2011 年 8 月，2000 多名露營愛好者聚集在天山大峽谷風景區。他們來自中國內地 20 多個省市，以及法國和南非等國家的露營愛好者。他們在這裏露營 3 天，呼吸着天山大峽谷景區的新鮮空氣，並舉行了山地徒步競速賽、山地自行車越野賽、紮帳篷比賽、推手比賽和飛鏢比賽等。

這次露營僅僅是天山地區旅遊的一個剪影而已，從中可見新疆的旅遊有多「熱」！

一方面新疆的美景吸引了眾多遊客，另一方面旅遊經濟也推動了當地居民更好地建設和開發新的自然和人文景觀。

1999 年盛夏，一位年輕的維吾爾族牧羊人發現了一個神祕的大峽谷。

峽谷地處天山山脈南麓，呈南北走向，全長 5000 多米。峽谷裏不僅有罕見的自然風景奇觀，還有一處盛唐時期的千佛洞石窟遺址。石窟內有可與同時代敦煌壁畫相媲美的壁畫，並且保留着完整豐富的佛教文化。如今，天山大峽谷已經成為國內外遊客熱衷的景區。

▼天山大峽谷

◀天山大峽谷內景

第三站

別讓冰川和雪蓮成為傳說

冰川哪裏去了？

到天山旅遊，許多人嚮往的是天山上的冰川風光。

但是，據中國科學院天山冰川觀測試驗站的觀測數據顯示，天山上最漂亮的一號冰川在持續消融和加速退縮。

天山一號冰川位於天山深處，是世界上距離城市最近的冰川。天山一號冰川自 1959 年觀測以來一直處於退縮狀態，20 世紀 80 年代以後，退縮出現了加速趨勢，並於 1993 年分離為兩條獨立的冰川。冰川面積在 1962 至 2006 年縮減了 14%，由 1.95 平方公里縮小到 1.68 平方公里，厚度也縮減了 15 米多。

天山冰川在縮減，反映了全球變暖的事實。這說明，即使天山大門不打開，生態環境仍然會受影響；保護天山不僅僅是天山周圍的「小行動」，而且應該是全球性的「大行動」。

雪蓮保衛戰

與冰川同病相憐的可能還有另外一個天山寶貝——雪蓮。

天山雪蓮是珍奇名貴的中草藥，生長在雪線以下海拔約2800至4000米的石縫、岩壁、礫石坡地和濕潤沙地上。原來，天山上有許多野生的雪蓮，但是由於人們的氾濫採摘，現在野生雪蓮的數量已經很少了，並且面臨着消失的危險（見下表）。為了保護野生雪蓮，當地政府規定不准個人私自上山採摘野生雪蓮，並採取了很多保護措施。

你認為政府這樣規定對嗎？我們到底該如何保護雪蓮呢？

▲天山上的雪蓮

地點	天山	天山
時間	1962年	2012年
行動	一個牧民一天採到30朵雪蓮	一羣牧民一天採到3朵雪蓮
政府態度	不干預	禁止

智慧的選擇

2013 年，天山被列入「世界遺產名錄」。與此同時，天山地區的遊客與日俱增。面對已經出現的草原被踐踏等生態問題，當地政府在項目開發與環境保護之間應如何平衡呢？

為了保護草原，當地政府提出了控制遊人數量與規模、減少現代交通工具進入等措施。例如，新疆哈密地區就開設了「騎馬遊天山」的項目。這一當地政府項目不僅有效地保護了草原，還使得遊客體驗到了更加地道的旅遊感受。

如何才能更好地保護好冰川、雪蓮、草原？相信天山人民一定會找到更有效的辦法！

2013 年 6 月 21 日，在柬埔寨金邊舉行的第 37 屆世界遺產大會投票通過了將中國新疆天山列入聯合國教科文組織「世界遺產名錄」。新疆天山申請的是自然遺產，申遺組成地包括：博格達峯提名地（含天山天池國家級風景名勝區等區域）、中天山提名地、托木爾峯提名地等，總面積達 5759 平方公里。

聯合國教科文組織在對新疆天山的評語中寫道：新疆天山具有景觀和生物生態演化過程的完整性，符合世界自然遺產保護和管理要求。

▲遊客騎馬遊天山

想像一下，騎馬有甚麼特別的感覺？草原上又有甚麼好玩的趣事呢？

我的家在中國・山河之旅 4

在那雪蓮盛開的地方 天山

檀傳寶◎主編　馮婉楨◎編著

責任編輯：吳黎純　楊歌
裝幀設計：龐雅美
排　　版：陳先英
印　　務：劉漢舉

出版／中華教育
香港北角英皇道 499 號北角工業大廈 1 樓 B
電話：（852）2137 2338
傳真：（852）2713 8202
電子郵件：info@chunghwabook.com.hk
網址：https://www.chunghwabook.com.hk/

發行／香港聯合書刊物流有限公司
香港新界荃灣德士古道 220-248 號
荃灣工業中心 16 樓
電話：（852）2150 2100
傳真：（852）2407 3062
電子郵件：info@suplogistics.com.hk

印刷／美雅印刷製本有限公司
香港觀塘榮業街 6 號
海濱工業大廈 4 樓 A 室

版次／ 2021 年 3 月第 1 版第 1 次印刷

規格／ 16 開（265 mm x 210 mm）

本書繁體中文版本由廣東教育出版社有限公司授權中華書局（香港）有限公司在香港特別行政區獨家出版、發行。